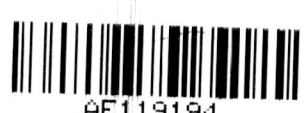

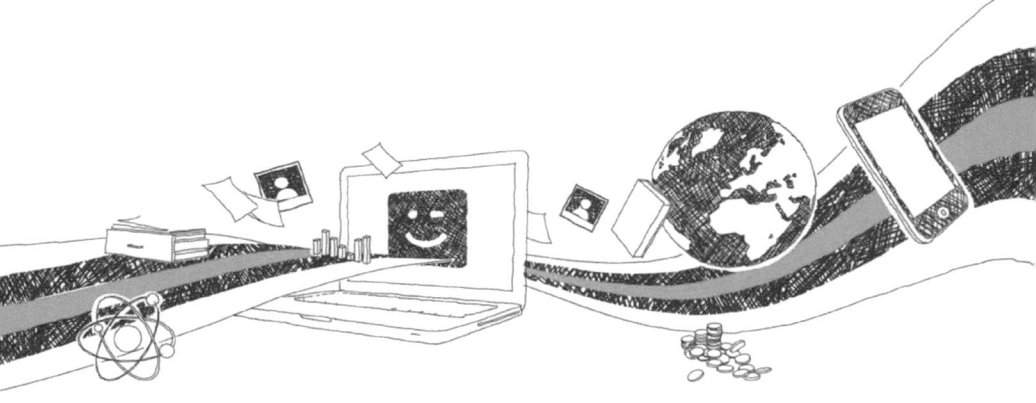

Hannes Rosenow

Aus der Reihe: e-fellows.net stipendiaten-wissen

e-fellows.net (Hrsg.)

Band 130

Potenzreihenentwicklung mit der Entwicklungsstelle x0 = 0 nach Maclaurin

GRIN Verlag

Bibliografische Information der Deutschen Nationalbibliothek:

Die Deutsche Bibliothek verzeichnet diese Publikation in der Deutschen Nationalbibliografie; detaillierte bibliografische Daten sind im Internet über http://dnb.d-nb.de/ abrufbar.

Impressum:

Druck und Bindung: Books on Demand GmbH, Norderstedt Germany
ISBN: 978-3-640-96558-8

Dieses Buch bei GRIN:

http://www.grin.com/de/e-book/175384/potenzreihenentwicklung-mit-der-entwicklungsstelle-x0-0-nach-maclaurin

Potenzreihenentwicklung mit der Entwicklungsstelle $x_0 = 0$ nach Maclaurin

Hannes Rosenow

19. Juli 2011

Inhaltsverzeichnis

1 Einleitung

Die Welt der Mathematik und ihre dazugehörigen zahlreichen Anwendungen weisen häufig komplizierte und abstrakte Funktionen auf, deren Auswertung lange und aufwendige Rechenwege mit sich zieht. Darum ist es sinnvoll, solche Funktionen durch umgänglichere Funktionen möglichst gut zu approximieren, d.h. an zu nähern (lat. appropinquare: sich nähern). Dazu bieten sich der Einfachheit halber Funktionen an, welche sich durch Polynome oder durch eine unendliche Polynomfunktionen, also Potenzreihen, darstellen lassen. Potenzreihen besitzen die Form einer unendlichen Reihe[1] $\sum_{i=0}^{\infty} a_i(x - x_0)^i$ wobei gilt:

$$\sum_{i=0}^{\infty} a_i(x - x_0)^i = a_0 + a_1(x - x_0) + a_2(x - x_0)^2 + a_3(x - x_0)^3 + ... \tag{1}$$

mit den Koeffizienten a_i und der Entwicklungsstelle x_0.

Diese Idee der Approximation sowie und ihr dazugehöriger Sachverhalt mit einigen Schlussfolgerungen waren bereits Gregory, Newton, Leibniz und Johann Bernoulli bekannt, doch erst der britische Mathematiker Brook Taylor[2] - ein Schüler Newtons und Mitglied des Komitees zur Klärung des Streits über die „Erfindung" der Differential- und Integralrechnung zwischen Newton und Leibniz - führte die Gedanken zu Ende und publizierte sie als Erster im Jahr 1715 in seinem Werk *Methodus incrementorum directa et inversa* : heute als „Satz von Taylor" und „Taylor-Reihe" bekannt. Im Werk *Treatise of Fluxions* vom schottischen Mathematiker Colin Maclaurin[3] gewinnt die Reihe Brook Taylors noch weiter an Bedeutung, da Maclaurin daraus die vom Vorzeichen höherer Ableitungen abhängigen Folgerungen über Maxima und Minima ableitete. Der Sonderfall der Taylor-Reihe mit der festen Entwicklungsstelle $x_0 = 0$, den der Schotte hauptsächlich betrachtete, ist heute in der Fachwelt der Mathematik noch als „Maclaurin-Reihe" wohlbekannt.(vgl.[7])

[1] Zum vollständigen Überblick *Anlage 1* betrachten.
[2] 1685-1731, einer der bedeutendsten Mathematiker sowie zu jener Zeit anerkannter Maler und Musiker
[3] 1698-1746, 1717 bereits Mathematikprofessor in Aberdeen und später in Edinburgh

2 Herleitung der Taylor-Reihe mit der Entwicklungsstelle x_0 und der Maclaurin-Reihe mit $x_0 = 0$ für die Potenzreihenentwicklung einer Funktion $f(x)$

Nun zurück zur Überlegung durch Approximation komplizierte Funktionen durch einfache Polynome auszudrücken. Man kann mithilfe einer linearen Funktion (Näherungsfunktion $P(x)$ genannt), die an die Stelle x_0 an den Graphen G_f angelegt wird, was geometrisch betrachtet der Tangente der Funktion $f(x)$ im Punkt $S(x_0|f(x_0))$ entspricht und zur Tangentengleichung y_T führt, eine relativ gute Näherung für $f(x)$ erhalten, wie am folgenden Beispiel mit $f(x) = sin(x)$ und $x_0 = 0$ ersichtlich wird:(vgl.[4], S.216)

$$P(x) = y_T = f(x_0) + f'(x_0)(x - x_0) \quad (2)$$

$$f(x) = sin(x) \text{ und } f'(x) = cos(x) \text{ mit } f(0) = 0 \text{ und } f'(0) = 1 \quad (3)$$

da $x_0 = 0$ und wegen (2) und (3) :

$$P(x) = y_T = f(x_0) + f'(x_0)(x - x_0) = f(0) + f'(0) \cdot x = x \text{ und } P'(x) = 1$$

Die Näherungsfunktion $P(x) = x$ ist ein Polynom 1. Ordnung und wurde hier mit Hilfe der Tangentengleichung so bestimmt, dass an der betrachteten Stelle $x_0 = 0$ die Näherungsfunktion im Funktionswert und im Wert der 1. Ableitung mit der gegebenen Funktion übereinstimmt:

$$f(x_0) = f(0) = sin(0) = 0 = P(0) = P(x_0)$$

und

$$f'(x_0) = f'(0) = cos(0) = 1 = P'(0) = P'(x_0)$$

Wie deutlich in Abbildung 1 zu erkennen ist nähert sich der Graph von $P(x)$ der Sinuskurve bei x_0 gut an, solange man sich nicht zu weit von $x_0 = 0$ in x-Richtung entfernt.

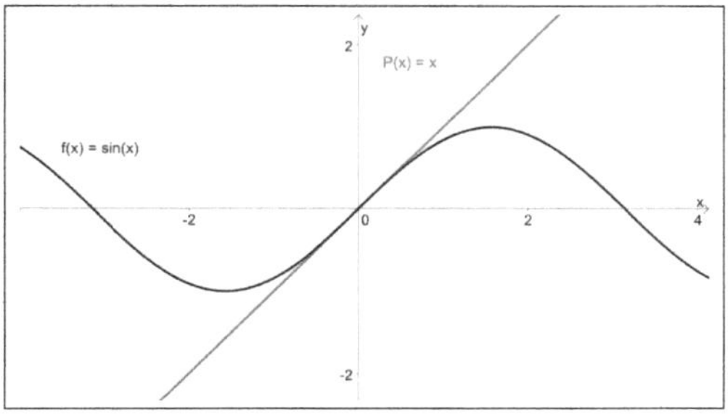

Abbildung 1: Approximation von $f(x)$ durch $P_n(x)$ bei $x_0 = 0$

Nach diesem Ansatz der linearen Annäherung soll nun aber eine noch genauere Approximation durch Polynome höherer Ordnung gelingen. Die gegebene Funktion und ihre Näherungsfunktion sollen an der Stelle x_0 nicht nur in ihren Funktionswerten und den Werten ihrer ersten Ableitung übereinstimmen, sondern desweiteren in ihren n ersten Ableitungswerten. Für die Näherungsfunktion $P(x)$ eignet sich wie oben genannt eine Polynomfunktion.
Es wird also gefordert(vgl.[10]), dass

$$P(x_0) = f(x_0); P'(x_0) = f'(x_0); P''(x_0) = f''(x_0); P'''(x_0) = f'''(x_0); \ldots \quad (4)$$

Da sich hier auf die Maclaurin-Methode beschränkt und konzentriert wird, ist per Definition $x_0 = 0$ und es ergibt sich mit (1) nun für die Näherungsfunktion die (endliche) Polynomfunktion $P_n(x)$ der Form

$$P_n(x) = \sum_{i=0}^{n} a_i x^i = a_0 + a_1 x + a_2 x^2 + a_3 x^3 + \ldots + a_n x^n.$$

Allerdings ist nicht zu erwarten, dass die Funktion und die Polynomfunktion an allen Punkten immer exakt die selben Werte besitzen - es existiert sozusagen geometrisch gesehen eine Diskrepanz zwischen dem Graphen des Polynoms und dem eigentlichen Funktionsverlauf, sprich ein „Fehler“ $R_n(x) = f(x) - P_n(x)$, welcher Restglied R_n genannt wird (dazu aber mehr im Kapitel 3).

Zur näheren Bestimmung der Koeffizienten a_i wird $P_n(x)$ gliedweise differenziert - man bildet also der Forderung (4) nachkommend die n ersten Ableitungen, $n \in \mathbb{N}$:

$$P_n(x) = a_0 + a_1x + a_2x^2 + a_3x^3 + ... + a_nx^n = \sum_{i=0}^n a_ix^i$$
$$P_n'(x) = 1 \cdot a_1 + 2 \cdot a_2x + 3 \cdot a_3x^2 + 4 \cdot a_4x^3 + ... + n \cdot a_nx^{(n-1)} = \sum_{i=1}^n (i\ a_i\ x^{i-1})$$
$$P_n''(x) = 1 \cdot 2 \cdot a_2 + 2 \cdot 3 \cdot a_3x + 3 \cdot 4 \cdot a_4x^2 + ... + (n-1) \cdot n \cdot a_nx^{(n-2)}$$
$$P_n'''(x) = 2 \cdot 3 \cdot a_3 + 2 \cdot 3 \cdot 4 \cdot a_4x + 3 \cdot 4 \cdot 5 \cdot a_5x^2 + ... + (n-2)(n-1) \cdot n \cdot a_nx^{(n-3)}$$
$$P_n^{(IV)}(x) = 2 \cdot 3 \cdot 4 \cdot a_4 + 2 \cdot 3 \cdot 4 \cdot 5 \cdot a_5x + ... + (n-3)(n-2)(n-1) \cdot n \cdot a_nx^{(n-4)}$$
$$\cdots$$
$$P_n^{(n)}(x) = 1 \cdot 2 \cdot 3 \cdot 4 \cdots (n-2)(n-1) \cdot n \cdot a_n = n!a_n$$

Nun ergibt sich aus der Forderung, dass die Funktions- und Ableitungswerte von $f(x)$ und $P_n(x)$ an der Stelle $x_0 = 0$ übereinstimmen sollen, folgendes:

$$\begin{aligned}
f(0) &= P_n(0) &&= a_0 &&\Rightarrow a_0 = f(0)\\
f'(0) &= P_n'(0) &&= 1 \cdot a_1 &&\Rightarrow a_1 = \tfrac{f'(0)}{1}\\
f''(0) &= P_n''(0) &&= 1 \cdot 2 \cdot a_2 &&\Rightarrow a_2 = \tfrac{f''(0)}{1 \cdot 2}\\
f'''(0) &= P_n'''(0) &&= 2 \cdot 3 \cdot a_3 &&\Rightarrow a_3 = \tfrac{f'''(0)}{2 \cdot 3}\\
f^{(IV)}(0) &= P_n^{(IV)}(0) &&= 2 \cdot 3 \cdot 4 \cdot a_4 &&\Rightarrow a_4 = \tfrac{f^{(IV)}(0)}{2 \cdot 3 \cdot 4}
\end{aligned}$$
$$\cdots$$
$$f^{(n)}(0) = P_n^{(n)}(0) = n!a_n \qquad \Rightarrow a_n = \frac{f^{(n)}(0)}{n!}$$

Somit erhält man für a_i also $\frac{f^{(i)}(0)}{i!}$ und die Polynomfunktion lautet folglich:

$$P_n(x) = \sum_{i=0}^{n} \frac{f^{(i)}(0)}{i!} x^i \tag{5}$$

Diese Polynomfunktion (5) heißt **Maclaurin-Funktion**[4] **von** $f(x)$ **mit Entwicklungsstelle** $x_0 = 0$.

[4] *Bemerkung zur Notation:* Im Folgenden wird die Maclaurin-Funktion mit $T_n(x; 0)$ bezeichnet. (Für weitere Bezeichnungen wird auf *Anlage 1* verwiesen.)

Wenn man von einer beliebigen Entwicklungsstelle ausgeht - also Null durch x_0 und x durch $(x-x_0)$ ersetzt wird - und die Summierung bis ins Unendliche fortgesetzt werden soll erhält man die Taylor-Reihe:

$$T(x; x_0) = \sum_{i=0}^{\infty} \frac{f^{(i)}(x_0)}{i!}(x - x_0)^i$$

Man darf für eine Funktion $f(x)$ eine Potenzreihenentwicklung nach Taylor bzw. Maclaurin nur dann anwenden, wenn gilt:
Die Funktion f mit $f : I \to \mathbb{R}$ ist über einem Intervall $I = [x_0; x]$ definiert und darin stetig differenzierbar und auf dem offenen Intervall I wenigstens $(n + 1)$ -mal differenzierbar. Differenzierbar natürlich deswegen, weil man an der zu entwickelnden Stelle die Ableitungen bilden muss und stetig, was aus der Differenzierbarkeit folgert, damit die Funktion ohne Unterbrechung ist.

Um jeweils zur Taylor- bzw. Maclaurin-Reihe zu gelangen, benötigt man also die **Potenzreihenentwicklung**[5] **nach Taylor bzw. Maclaurin der Funktion** $f(x)$.
Eine Funktion $f(x)$ wird genau dann durch ihre Taylor- bzw. Maclaurin-Reihe dargestellt, wenn der Limes des dazugehörigen Restgliedes für alle $x \in]x_0; x_0 + h[$ für $n \to \infty$ Null ist: $\lim_{n\to\infty} R_n(x; x_0) = 0$.(vgl.[3])

Unter den obigen Voraussetzungen für die Approximation einer Funktion gilt der **Satz von Taylor**

$$f(x) = \sum_{i=0}^{n} \frac{f^{(i)}(x_0)}{i!}(x - x_0)^i + R_n(x; x_0) \tag{6}$$

Speziell für die Entwicklung nach Maclaurin ($x_0 = 0$) und ihr Restglied gilt dann:

$$f(x) = \sum_{i=0}^{n} \frac{f^{(i)}(0)}{i!}x^i + R_n(x; 0)$$

[5] *Bemerkung:* „Potenzreihenentwicklung“ ist der Überbegriff während „Potenzreihenentwicklung nach Taylor/Maclaurin“ eine spezielle Methode beschreibt.

3 Herleitung der Restgliedformel nach Lagrange mithilfe des erweiterten Mittelwertsatzes der Differentialrechnung

Nun zurück zum „Fehler", der Abweichung zwischen der angenäherten Funktion und der annähernden Polynomfunktion: das Restglied $R_n(x; x_0)$. Es wird sich im Folgendem auf die Schreibweise $R_n(x)$ geeinigt und es wird außerdem zunächst vom allgemeinen Taylor-Fall ausgegangen, also x_0 nicht unbedingt 0.

Satz: Hat die Funktion $f(x)$ im Intervall $I = [x_0; x_0 + h]$ mit $h > 0$ eine stetige n-te Ableitung $f^{(n)}(x)$ und existiert $f^{(n+1)}(x)$ im offenen Intervall $I =]x_0; x_0 + h[$, dann sind die oben genannten Voraussetzungen für die Approximation einer Funktion $f(x)$ durch ihre Taylor-Funktion erfüllt und so gilt für $f(x_0 + h)$ nach (6) :

$$f(x) = f(x_0 + h) = f(x_0) + \frac{h \cdot f'(x_0)}{1!} + ... + \frac{h^n \cdot f^{(n)}(x_0)}{n!} + R_n(x) \qquad (7)$$

mit der Existenz einer Zahl $\vartheta \in]0; 1[$, mit der für das Restglied nach Lagrange[6]

$$R_n(x) = \frac{h^{n+1}}{(n+1)!} \cdot f^{(n+1)}(x_0 + \vartheta \cdot h) \text{ gilt.}$$ (vgl.[5])

Um nun bei der Herleitung zur Lagrangschen Restgliedformel weiter zu kommen, benötigt man folgenden hilfreichen Einschub:

a) Mittelwertsatz der Differentialrechnung[1]

Ist $f(x)$ im abgeschlossenen Intervall $[a, b]$ stetig und im offenen Intervall $]a, b[$ differenzierbar, dann gibt es ein $z \in]a, b[$ mit

$$f'(z) = \frac{f(b) - f(a)}{b - a} \quad , (a \neq b). \qquad (8)$$ [7]

[6] Lagrange, Joseph Louis, 1736-1813[1]

[7] Gilt nun $f(a) = f(b)$, dann existiert ein $z \in]a, b[$ mit $f'(z) = 0$ (*Satz von Rolle*)(vgl.[1]).

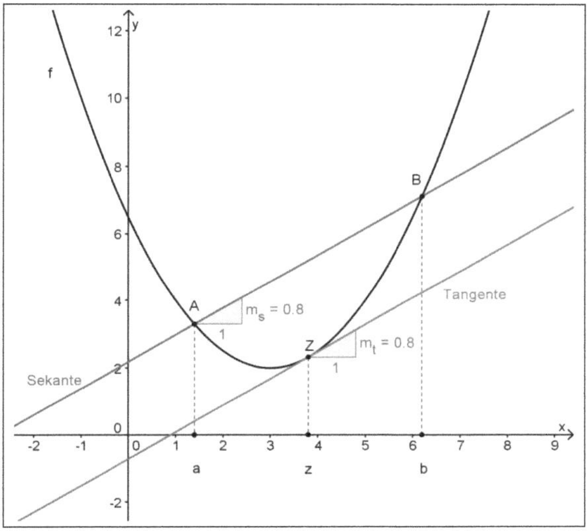

Abbildung 2: Mittelwertsatz der Differentialrechnung

Geometrisch interpretiert besagt der Mittelwertsatz also, dass, wenn für $f(x)$ die oben genannten Voraussetzungen erfüllt sind, es ein $z \in]a, b[$ gibt, so dass eine zur Sekante durch die Punkte $A(a|f(a))$, $B(b|f(b))$ parallele Tangente an den Graphen von $f(x)$ in z existiert.

Erweitert man diesen Satz (8) auf zwei Funktionen $g(x)$ und $h(x)$ mit

$$h'(x) \neq 0 \quad \forall x \in]a, b[\text{ und } h(b) - h(a) \neq 0,$$

dann gilt also

$$\frac{g'(z)}{h'(z)} = \frac{\frac{g(b)-g(a)}{b-a}}{\frac{h(b)-h(a)}{b-a}} = \frac{g(b) - g(a)}{h(b) - h(a)} \quad .$$

Auf diese Weise erkennt man die Gültigkeit von b) :

b) Erweiterter Mittelwertsatz der Differentialrechnung[1],[7]

$g(x)$ und $h(x)$ seien im Intervall $I = [a, b]$ stetig, im offenen Intervall $]a, b[$ differenzierbar. Es sei $h'(x) \neq 0 \quad \forall x \in]a, b[$ und $h(b) - h(a) \neq 0$. Dann gibt es ein $z \in]a, b[$ mit

$$\frac{g'(z)}{h'(z)} = \frac{g(b) - g(a)}{h(b) - h(a)} .^{8}$$

Unter Anwendung des erweiterten (auch „verallgemeinerter Mittelwertsatz d. D.“ genannt) Mittelwertsatzes der Differentialrechnung gilt nun für zwei Funktionen, die mit $F(x)$ und $\varphi(x)$ benannt werden und für die alle Voraussetzungen für das Intervall $I = [x_0; x_0 + h], h > 0$, erfüllt seien:

$$\frac{F'(x_0 + \vartheta \cdot h)}{\varphi'(x_0 + \vartheta \cdot h)} = \frac{F(x_0 + h) - F(x_0)}{\varphi(x_0 + h) - \varphi(x_0)} \text{ mit } 0 < \vartheta < 1$$

Da $\vartheta \cdot h < h$ ist, gilt: $\quad x_0 + \vartheta \cdot h \in]x_0; x_0 + h[$.

Wählt man nun $\varphi(x) := (x_0 + h - x)^{n+1}$ mit

$$\begin{aligned} \varphi(x_0) &= h^{n+1} , \\ \varphi(x_0 + h) &= 0 , \\ \varphi'(x) &= -(n + 1)(x_0 + h - x)^n \end{aligned}$$

und für $F(x)$ soll gelten: Im Restglied $R_n(x)$ des obigen Termes (7)

$$R_n(x) = f(x_0 + h) - f(x_0) - \tfrac{h \cdot f'(x_0)}{1!} - \tfrac{h^2 \cdot f''(x_0)}{2!} - \ldots - \tfrac{h^n \cdot f^{(n)}(x_0)}{n!}$$

ist, indem man $x_1 := x_0 + h$ definiert, h also der Abstand zwischen x_0 und x_1:

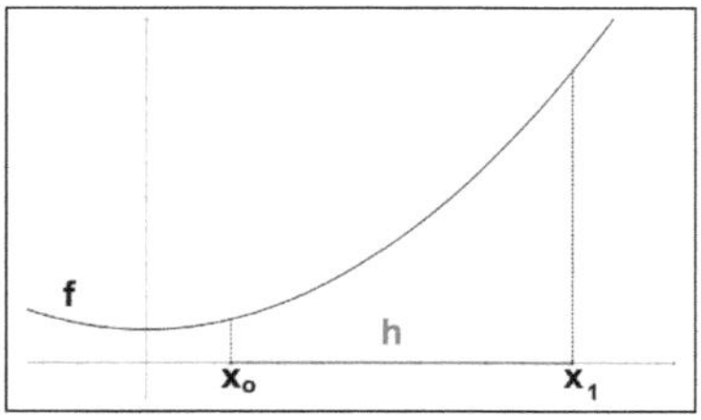

Abbildung 3: Abstand $h = x_1 - x_0$

[8] Für $h(x) = x$ erhält man wieder den gewöhnlichen Mittelwertsatz der Differentialrechnung (8).

Danach macht man x_0 zur Variablen x ($x_0 := x$) und erhält somit die neue Funktion $F(x)$

$$F(x) = f(x_1) - f(\underbrace{x}_{=:x_0}) - \tfrac{(x_1-x)\cdot f'(x)}{1!} - \ldots - \tfrac{(x_1-x)^n\cdot f^{(n)}(x)}{n!}$$

mit folgenden interessanten Eigenschaften:

- offensichtlich gilt $F(x_0) = R_n(x_1)$
- $F(x_0 + h) = 0$:

$$\begin{aligned} F(x_1) = F(x_0 + h) = & f(x_1) - f(x_1) - \frac{x_1 - x_1}{1!} \cdot f'(x_1) - \frac{(x_1 - x_1)^2}{2!} \cdot f''(x_1) \\ & - \cdots - \frac{(x_1 - x_1)^n}{n!} \cdot f^{(n)}(x_1) = 0 \end{aligned}$$

- $F'(x) = -\frac{(x_1-x)^n}{n!} f^{(n+1)}(x)$:

$$\begin{aligned} F'(x) = & - f'(x) - \frac{(x_1 - x)}{1!} f''(x) + f'(x) - \frac{(x_1 - x)^2}{2!} f'''(x) + \frac{2(x_1 - x)}{2!} f''(x) \\ & - \frac{(x_1 - x)^3}{3!} f^{(IV)}(x) + \frac{3(x_1 - x)^2}{3!} f'''(x) - \frac{(x_1 - x)^4}{4!} f^{(V)}(x) \\ & + \frac{4(x_1 - x)^3}{4!} f^{(IV)}(x) - \cdots - \frac{(x_1 - x)^n}{n!} f^{(n+1)}(x) + \frac{n(x_1 - x)^{n-1}}{n!} f^{(n)}(x) = \\ = & - \frac{(x_1 - x)^n}{n!} f^{(n+1)}(x) \end{aligned}$$

Dann gilt nach dem erweiterten Mittelwertsatz der Differentialrechnung:

$$\begin{aligned} & \frac{F'(x_0 + \vartheta \cdot h)}{\varphi'(x_0 + \vartheta \cdot h)} = \frac{F(x_0 + h) - F(x_0)}{\varphi(x_0 + h) - \varphi(x_0)} \\ \Leftrightarrow \quad & \frac{-(\overbrace{x_1 - x_0}^{=h} - \vartheta \cdot h)^n \cdot \frac{f^{(n+1)}(x_0+\vartheta\cdot h)}{n!}}{-(n+1)(x_0 + h - x_0 - \vartheta \cdot h)^n} = \frac{\overbrace{F(x_0 + h)}^{=0} - \overbrace{F(x_0)}^{=R_n(x_1)}}{\underbrace{\varphi(x_0 + h)}_{=0} - \underbrace{\varphi(x_0)}_{=h^{n+1}}} \\ \Leftrightarrow \quad & \frac{\frac{f^{(n+1)}(x_0+\vartheta\cdot h)}{n!}}{n+1} = \frac{R_n(x_1)}{h^{n+1}} \\ \Leftrightarrow \quad & R_n(x_1) = h^{n+1} \cdot \frac{f^{(n+1)}(x_0 + \vartheta \cdot h)}{(n+1)!} \end{aligned}$$

mit $h = x_1 - x_0$.

Weil das Restglied $\forall x \in \mathbb{D}$ gelten soll, wird x_1 zu x umbenannt und man erhält aus (7) die gewöhnliche Restgliedformel nach Lagrange.

Somit wurde $R_n(x)$ mit Hilfe des erweiterten Mittelwertsatzes der Differentialrechnung hergeleitet(vgl.[5]) und speziell für Maclaurin ergibt sich:

$$R_n(x) = x^{n+1} \cdot \frac{f^{(n+1)}(\vartheta \cdot x)}{(n+1)!}$$

Ohne ϑ allerdings genau zu kennen, lässt sich das Restglied nicht bestimmen, sondern nur abschätzen.

Eine andere Möglichkeit das Restglied darzustellen ist die *Restgliedformel nach Cauchy*

$$R_n(x;0) = x^{n+1} \cdot \frac{f^{(n+1)}(\vartheta x)}{n!} \cdot \left(\frac{x - \vartheta x}{x}\right)^n, \quad 0 < \vartheta < 1,$$ [2]

oder die *Restgliedformel nach Schlömilch*[9]

$$R_n(x;0) = x^{n+1} \cdot \frac{f^{(n+1)}(\vartheta x)}{pn!} \cdot \left(\frac{x - \vartheta x}{x}\right)^{n+1-p}, \quad 0 < \vartheta < 1, p > 0.$$ [2]

4 Herleitung spezieller Funktionen und Beispiele der Potenzreihenentwicklung mit Konvergenzbetrachtungen

Anhand spezieller Funktionen wird die Potenzreihenentwicklung nach Maclaurin beispielhaft veranschaulicht und die entwickelte Reihe auf Konvergenzradius und Konvergenzverhalten überprüft.
Man wählt nun folgende Vorgehensweise: Zuerst muss gezeigt werden, dass für die Funktion alle Voraussetzungen erfüllt sind, damit sie sich in ihre Taylor- bzw. Maclaurin-Reihe entwickeln lässt. Folglich wird ihre Reihe mit der Entwicklungsstelle $x_0 = 0$ hergeleitet und das dazugehörige Restglied aufgeschrieben, um danach mithilfe des Konvergenzradius r (siehe Kapitel 4.1) und unter anderem ausgewählter Konvergenzkriterien, wie zum Beispiel dem Quotientenkriterium, Aussagen über das Konvergenzverhalten zu treffen. Zur Veranschaulichung dient zum Schluss eine Abbildung des Graphen der Funktion und ihrer Maclaurin-Reihen mit unterschiedlicher Approximationsgenauigkeit, also verschieden großen n.

---

9 Die Darstellungen von Lagrange und Cauchy sind jeweils eine Sonderform der Restgliedformel nach Schlömilch mit $p = n + 1$ und $p = 1$.

4.1 Konvergenzradius *r* einer Potenzreihe

Potenzreihen besitzen neben anderen angenehmen Eigenschaften wie beliebig ofte Differenzierbarkeit oder die Stetigkeit innerhalb ihres Konvergenzradius eine eher unkomplizierte Konvergenztheorie. Im Wesentlichen lässt sich ihr Konvergenzverhalten durch eine Zahl r ($r \geq 0$), *Konvergenzradius* genannt, bestimmen, da die Reihe für $|x| < r$ konvergiert und für $|x| > r$ divergiert. Wenn $r = 0$ konvergiert die Potenzreihe nur für $x = 0$ und falls $|x| = r$ muss von Fall zu Fall unterschieden werden und kann keine allgemeingültige Aussage getroffen werden.

Satz: Eine Potenzreihe der Form $\sum_{i=0}^{\infty} a_i x^i$ besitzt einen Konvergenzradius $r \in [0; \infty[$, der die Eigenschaft besitzt, dass die Reihe für $|x| < r$ *absolut konvergiert*, für $|x| > r$ *divergiert*. r hängt von $|a_i|$ ab und wird durch

$$r = \frac{1}{\limsup_{i\to\infty} \sqrt[i]{|a_i|}} \quad \text{mit } „\frac{1}{0}“ := +\infty \text{ und } „\frac{1}{+\infty}“ := 0 \text{ berechnet.}$$ (vgl.[5],[7],[8])

Günstiger zur Berechnung ist allerdings meistens die Formel

$$r = \lim_{i\to\infty} \left| \frac{a_i}{a_{i+1}} \right| ,$$

die jedoch nicht universell gültig ist und bei der alle a_j mit $j \in [0; i+1]$ ungleich Null sein müssen und die Existenz des Limes vorausgesetzt werden muss.(vgl.[7])

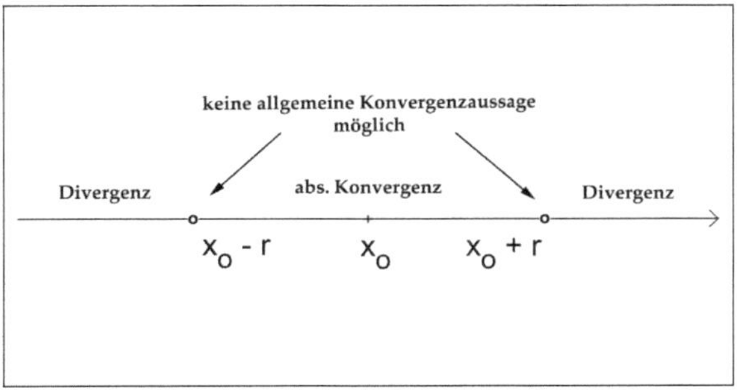

Abbildung 4: Konvergenzradius r(vgl.[11])

Im Folgenden sollen die speziellen Funktionen $\exp(x)$, $\ln(1 + x)$ und $\cos(x)$ in ihre Maclaurin-Funktionen und -Reihen entwickelt werden und die Potenzreihen mit Hilfe verschiedener Kriterien und des eben definierten Konvergenzradius auf ihre Konvergenz untersucht werden.[10]

4.2 Die natürliche Exponentialfunktion $\exp(x)$

Das erste Beispiel zur Potenzreihenentwicklung nach Maclaurin ist die Exponentialfunktion, die neben der Schulmathematik auch im weiteren Alltag - wie zum Beispiel stetige Verzinsung, exponentielles Bakterienwachstum oder exponentieller Zerfall radioaktiver Stoffe - durchaus ihre Anwendung und Gebräuchlichkeit findet.
Eine Exponentialfunktion wird im Allgemeinen durch eine Funktion $f(x) = a^x$ mit Basis a und Exponent x (mit $a, x \in \mathbb{R}$) beschrieben, im Folgenden ist jedoch die *natürliche Exponentialfunktion* $x \mapsto e^x$, $x \in \mathbb{R}$, mit der Eulerschen Zahl e als Basis gemeint. Weit verbreitet und äquivalent dazu ist hier ebenfalls die Schreibweise $x \mapsto \exp(x)$, wonach folglich $e^x \equiv \exp(x)$ gilt.

Die Funktion $f(x) = \exp(x)$ mit $x \in \mathbb{R}$ ist trivialerweise auf dem Intervall $I = \mathbb{R}$ stetig[6], was später auch am Konvergenzradius $r = \infty > 0$ ersichtlich wird, und offensichtlich auf I auch beliebig oft differenzierbar, da jede beliebige n-te Ableitung $(\exp(x))^{(n)}$ die Funktion $\exp(x)$ selber ist.

$\exp(x)$ wird nun in ihre Polynomfunktion nach Maclaurin entwickelt:
Für die Ableitungen gilt bekanntlich $(\exp(x))^{(n)} = \exp(x)$ und da es sich um die Potenzreihenentwicklung nach Maclaurin mit $x_0 = 0$ handeln soll und $a^0 = 1$ ($a \in \mathbb{R}$) gilt für folgende Werte:

$$f(0) = f'(0) = f''(0) = f'''(0) = \ldots = f^{(n)}(0) = \exp(0) = e^0 = 1$$

Daraus ergibt sich nach (5) die Maclaurin-Funktion

$$T_n(x; 0) = 1 + x + \frac{1}{2!}x^2 + \frac{1}{3!}x^3 + \frac{1}{4!}x^4 + \ldots + \frac{1}{n!}x^n = \sum_{i=0}^{n} \frac{x^i}{i!}$$

[10] *Bemerkung:* Zur Berechnung eines Funktionswertes benötigt man natürlich die bis n begrenzte Maclaurin-Funktion, diese jedoch auf Konvergenz zu untersuchen wäre trivial, da jede endliche Reihe konvergiert.

Somit wurde die Exponentialfunktion $\exp(x)$ in ihre Maclaurin-Funktion $T_n(x;0) = \sum_{i=0}^{n} \frac{x^i}{i!}$ mit $x_0 = 0$ als Entwicklungsstelle entwickelt und für ihr Restglied ergibt sich

$$R_n(x) = x^{n+1} \cdot \frac{\exp(\vartheta x)}{(n+1)!} \quad \text{mit } 0 < \vartheta < 1.$$

Dementsprechend lässt sich nun die Funktion[11] $f(x)$ mit einer von n abhängigen Genauigkeit durch $T_n(x;0) = \sum_{i=0}^{n} \frac{x^i}{i!}$ mit der Abweichung $R_n(x) = x^{n+1} \cdot \frac{\exp(\vartheta x)}{(n+1)!}$ darstellen.

Untersucht man die Maclaurin-Reihe $T(x;0)$ auf ihre Konvergenz, eignet sich die Verwendung des Quotientenkriteriums.

Satz: Ist $\sum_{i=0}^{\infty} a_i$ eine Reihe mit positiven Gliedern und $a_i \neq 0$ und gibt es eine reelle Zahl p, für die $0 < p < 1$ gilt, und ein $i \geq i_0$ mit

$$\frac{a_{i+1}}{a_i} \leq p \quad \forall i \geq i_0$$

dann konvergiert die Reihe absolut. Ist der Betrag des Quotienten ≥ 1, so divergiert die Reihe.(vgl.[2], S.210 und [3], S.358)

Sei nun $x \in \mathbb{R}$, so findet man in [2], S.211, mit $a_i = \frac{x^i}{i!}$ für $i \in \mathbb{N}$

$$\left|\frac{a_{i+1}}{a_i}\right| = \frac{|x|}{i+1} \leq \frac{1}{2} \quad , \forall i \geq 2\,|x|$$

da $\left|\frac{a_{i+1}}{a_i}\right| = \left|\frac{\frac{x^{i+1}}{(i+1)!}}{\frac{x^i}{i!}}\right| = \left|\frac{x \cdot x^i}{(i+1) \cdot i!} \cdot \frac{i!}{x^i}\right| = \frac{|x|}{i+1}$ ist.

Somit folgt aus dem Quotientenkriterium, dass die Reihe $T(x;0) = \sum_{i=0}^{\infty} \frac{x^i}{i!}$ absolut konvergiert.
Beschäftigt man sich mit dem Konvergenzradius r (vgl.[7]) der Exponentialreihe, gelangt man mit Hilfe des Kapitels 4.1 und $a_i = \frac{1}{i!}$ zum Ergebnis $r = \infty$, da:

$$r = \lim_{i\to\infty}\left|\frac{a_i}{a_{i+1}}\right| = \lim_{i\to\infty}\left|\frac{\frac{1}{i!}}{\frac{1}{(i+1)!}}\right| = \lim_{i\to\infty}\left|\frac{(i+1)\cdot i!}{i!}\right| = \lim_{i\to\infty}\left|\overbrace{i+1}^{\to\infty}\right| = +\infty$$

Da die absolute Differenz zwischen x_0 und x ($x_0, x \in \mathbb{R}$) wegen $r = \infty$ immer echt kleiner als der Konvergenzradius r ist, folgt daraus natürlich wiederum

[11] $f(x) = f(x_0 + h)$ wegen $x_0 = 0$ und $h = x - x_0$

die absolute Konvergenz der Reihe $T(x;0) = \sum_{i=0}^{\infty} \frac{x^i}{i!}$ und bestätigt somit die Folgerung aus dem Quotientenkriterium.(vgl.[8])
Die trivial erscheinende Stetigkeit lässt sich nun mit Hilfe des folgenden Satzes und des errechneten Konvergenzradius beweisen.

Satz: Eine Potenzreihe $f(x) = \sum_{n=0}^{\infty} a_n x^n$ mit dem Konvergenzradius $r > 0$ ist für $|x| < r$ stetig.(vgl.[7])
Da hier $r = \infty$ ist, ist die Reihe $\forall x \in \mathbb{R}$ stetig.

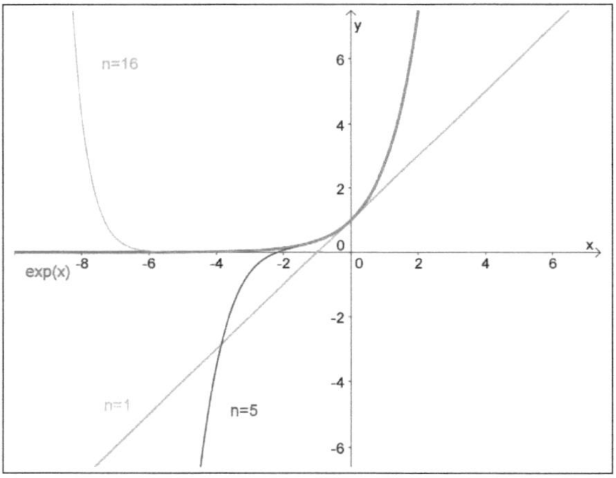

Abbildung 5: Approximation von $f(x) = \exp(x)$

Zur besseren Veranschaulichung der Approximation der Exponentialreihe durch $T_n(x;0) = \sum_{i=0}^{n} \frac{x^i}{i!}$ dient diese Abbildung 5: Wie deutlich zu erkennen ist wird die Approximation umso besser und genauer, je größer n wird, da mit wachsendem n das Restglied gegen 0 konvergiert:

$$\forall x \in \mathbb{R} \text{ ist } \lim_{n\to\infty} R_n(x) = \lim_{n\to\infty} \frac{\exp(\vartheta x}{(n+1)!} x^{n+1} = 0\ .$$ (vgl.[3], S. 270)

4.3 Der Logarithmus naturalis

Da die im letzten Kapitel besprochene natürliche Exponentialfunktion $f(x) = \exp(x) \equiv e^x$ auf $\mathbb{R}$ streng monoton wachsend ist lässt sich ihre Umkehrfunktion bilden, welche sich durch den Logarithmus mit der eulerschen Zahl e als Basis darstellen lässt: $\log_e(x)$. Ein Logarithmus der Form $\log_b(x)$ mit Basis $b := e$ wird üblicherweise *Logarithmus naturalis* genannt und mit $x \mapsto \ln(x)$ statt $x \mapsto \log_e(x)$ gekennzeichnet.

Da der $\ln(x)$ nur für positive von Null verschiedene x definiert ist und man somit nicht den Entwicklungspunkt $x_0 = 0$ heranziehen kann, wird im Folgenden die Funktion $x \mapsto \ln(1 + x)$ behandelt, welche bei $x = 0$ definiert ist.
Die Funktion ist offensichtlich im Intervall $I =]-1; \infty[$ definiert und die Stetigkeit und Differenzierbarkeit folgen aus der Stetigkeit des *Logarithmus naturalis*.

Zur Entwicklung benötigt man nun die Ableitungen der Funktion:

$$
\begin{aligned}
f(x) = \ln(1+x) \quad & \Rightarrow f'(x) = \frac{1}{1+x} \\
& \Rightarrow f''(x) = \frac{-1}{(1+x)^2} \\
& \Rightarrow f'''(x) = \frac{2}{(1+x)^3} \\
& \Rightarrow f^{(IV)}(x) = \frac{-3!}{(1+x)^4} \\
& \Rightarrow f^{(V)}(x) = \frac{4!}{(1+x)^5} \\
& \Rightarrow f^{(VI)}(x) = \frac{-5!}{(1+x)^6} \\
& \vdots \\
& \Rightarrow f^{(n)}(x) = (-1)^{n-1} \cdot \frac{(n-1)!}{(1+x)^n}
\end{aligned}
$$

Man setze den Entwicklungspunkt $x_0 = 0$ ein:

$$
\begin{aligned}
f(0) = \ln(1) = 0 \quad & \Rightarrow f'(0) = 1 \\
& \Rightarrow f''(0) = -1 \\
& \Rightarrow f'''(0) = 2 \\
& \Rightarrow f^{(IV)}(0) = -3! \\
& \Rightarrow f^{(V)}(0) = 4! \\
& \Rightarrow f^{(VI)}(x) = -5! \\
& \vdots \\
& \Rightarrow f^{(n)}(0) = (-1)^{n-1} \cdot (n-1)!
\end{aligned}
$$

Also ergibt sich letztendlich für die Maclaurin-Funktion:

$$
\begin{aligned}
T_n(x;0) &= 0 + x - \frac{x^2}{2} + \frac{2x^3}{3!} - \frac{3!x^4}{4!} + \frac{4!x^5}{5!} - \frac{5!x^6}{6!} + \ldots = \\
&= x - \frac{x^2}{2} + \frac{x^3}{3} - \frac{x^4}{4} + \frac{x^5}{5} - \frac{x^6}{6} + \ldots = \\
&= \sum_{i=1}^{n} (-1)^{i+1} \cdot \frac{x^i}{i}
\end{aligned}
$$

Diese Maclaurin-Funktion von $\ln(1 + x)$ macht jedoch nur dann - wie man am Konvergenzbereich und in der Abbildung 6 deutlich erkennen kann - Sinn, wenn man $-1 < x \leq 1$ einschränkt, da anderenfalls das Restglied und somit der „Fehler" zu groß werden würde.

Man kommt also zu dem Ergebnis, dass die Logarithmusfunktion $f(x) = \ln(1 + x)$ durch folgende Potenzreihenentwicklung mit Entwicklungsstelle $x_0 = 0$ nach Maclaurin und entsprechendem Restglied $R_n(x)$ dargestellt werden kann:

$$
\ln(1 + x) = \left(\sum_{i=1}^{n} (-1)^{i+1} \cdot \frac{x^i}{i} \right) + R_n(x)
$$

Die Konvergenz der Maclaurin-Reihe $\sum_{i=1}^{\infty}(-1)^{i+1}\cdot\frac{x^i}{i}$ lässt sich anhand von r bestimmen:

Der Konvergenzradius $r = \frac{1}{\limsup_{i\to\infty}\sqrt[i]{|a_i|}}$ ist 1, denn der Limes Superior[2], S.182 mit $a_i = \frac{(-1)^{(i+1)}}{i!}$ ist 1:[12]

$$\limsup_{i\to\infty}\sqrt[i]{\left|\frac{(-1)^{(i+1)}}{i!}\right|} = \limsup_{i\to\infty}\left(\frac{\left|(-1)^{(i+1)}\right|}{i!}\right)^{\frac{1}{i}} = 1$$

Somit lässt sich über die Konvergenz dieser Reihe aussagen, dass sie für $|x| < 1$ absolut konvergiert und für $|x| > 1$ divergiert.

Die Abbildung 6 visualisiert die Ergebnisse und zeigt vor allem noch einmal deutlich, dass die Maclaurin-Funktion zur Annäherung an die eigentliche Funktion für $|x| > 1$ zu keinem zufriedenstellendem Resultat führt. Beispielsweise besitzen die Funktionen $T_2(x;0)$ und $T_8(x;0)$ bei $x = 1$ ein lokales Maximum und fallen danach monoton, während hingegen $f(x) = \ln(1 + x)$ streng monoton steigend ist - sie „knicken" sozusagen ab und entfernen sich zunehmend von der Funktion f.

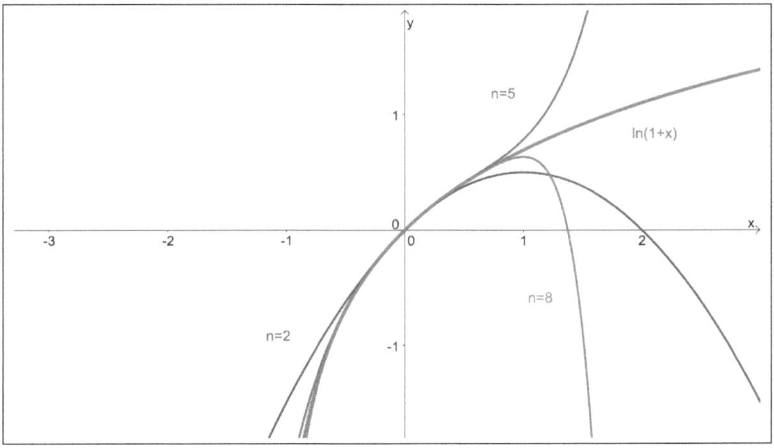

Abbildung 6: Approximation von $f(x) = \ln(1 + x)$

[12] Konvention: „0^0" = 1 und „$\frac{1}{+\infty}$" := 0. (vgl.[8])

Je größer n, desto kleiner (⊗) wird auch wieder $|R_n|$, desto genauer die Darstellung der Funktion $f(x)$ durch ihre Potenzreihenentwicklung mit Restglied

$$R_n(x) = x^{n+1} \cdot \frac{f^{(n+1)}(\vartheta \cdot x)}{(n+1)!} \qquad \text{mit } 0 < \vartheta < 1.$$

Um das Restglied mit $0 < \vartheta < 1$ ab zu schätzen betrachtet man mit

$$f^{(n+1)}(\vartheta \cdot x) = (-1)^n \cdot \frac{n!}{(1 + \vartheta \cdot x)^{(n+1)}}$$

zunächst nur den Fall für $x \in [0; 1]$:

$$\begin{aligned} |R_n(x)| &= \left| x^{n+1} \cdot \frac{1}{(n+1)!} \cdot (-1)^n \cdot \frac{n!}{(1 + \vartheta \cdot x)^{(n+1)}} \right| = \\ &= \left| (-1)^n \cdot \frac{x^{n+1}}{n+1} \cdot \frac{1}{(1 + \vartheta \cdot x)^{(n+1)}} \right| \\ &\leq \frac{1}{n+1} \end{aligned}$$

Der Faktor $(-1)^n$ auf der linken Seite der Ungleichung spielt offensichtlich keine Rolle, der Faktor x^{n+1} im Zähler wird wegen $x \in [0; 1]$ maximal 1 und $\frac{1}{(1+\vartheta \cdot x)^{(n+1)}} \leq 1 \ \forall x \in [0; 1]$ mit $0 < \vartheta < 1$, wodurch $\frac{1}{(1+\vartheta \cdot x)^{(n+1)}}$ das gesamte Produkt verkleinert. Der Faktor $\frac{1}{n+1}$ bleibt und $R_n(x)$ lässt sich folglich durch $|R_n(x)| \leq \frac{1}{n+1}$ für $x \in [0; 1]$ abschätzen.

Für die Abschätzung in einem Bereich $x \in]-1; 0[$ gilt nach der Restgliedformel von Cauchy mit $x_0 = 0$

$$\begin{aligned} |R_n(x)| &= \frac{f^{(n+1)}(\vartheta x) \cdot (x - \vartheta x)}{n!} \cdot x = \\ &= \frac{(-1)^n \cdot (x - x\vartheta x)^n \cdot x^{n+1}}{(1 + \vartheta x)^{n+1} \cdot x^n} = \\ &= \frac{(-1)^n \cdot \left(\frac{x - \vartheta x}{x}\right)^n}{(1 + \vartheta x)^{n+1}} \cdot x^{n+1} = \\ &= (-1)^n \left(\frac{1 - \vartheta}{1 + \vartheta x}\right) \frac{x \cdot x^n}{1 + \vartheta x} \end{aligned}$$

und $1 + \vartheta x = 1 - \vartheta |x|$ wegen $x \in]-1; 0[$

$$\Rightarrow \qquad \frac{1 - \vartheta}{1 + \vartheta x} = \frac{1 - \vartheta}{1 - \vartheta |x|} \leq 1$$

Das bedeutet nun für die Abschätzung von $|R_n(x)|$:

$$|R_n(x)| \leq \frac{|x|^n}{|1 + \vartheta x|} |x|$$

(⊗) Für beide Fälle gilt(vgl.[4], S. 234f.) nun jeweils $\lim_{n\to\infty} |R_n(x)| = 0$, was den Rückschluss zulässt, dass

$$\ln(1 + x) = \left(\sum_{i=1}^{n} (-1)^{i+1} \cdot \frac{x^i}{i} \right) + R_n(x) \text{ für } -1 < x \leq 1.$$

4.4 Die Kosinusfunktion $\cos(x)$

Das dritte Beispiel kommt aus der Goniometrie (griech. gonia: Winkel, metrein: messen; Lehre von der Winkelmessung(vgl.[5])) und beschreibt eine trigonometrische Funktion, die durch die Eulerformel(vgl.[2])

$$\exp(i\varphi) = \cos(\varphi) + i \sin(\varphi) \quad \text{mit } i \text{ als Imaginäreinheit, } \varphi \in \mathbb{C}$$

eng in Relation zu der im Kapitel 4.2 behandelten natürlichen Exponentialfunktion $\exp(x)$ - man vergleiche außerdem ihre beiden Maclaurin-Reihen - steht:

die Kosinusfunktion $\cos(x)$.

$x \mapsto \cos(x)$ hat den größtmöglichen Definitionsbereich $\mathbb{D} = \mathbb{R}$ mit einem Wertebereich $\mathbb{W} = [-1; 1]$ und lässt sich am Einheitskreis mit Radius $r = 1$ und Mittelpunkt im Ursprung eines ebenen kartesischen Koordinatensystems definieren.

Sei A der Schnittpunkt von Kreis und positiver Abszissenachse und der Ursprung mit O bezeichnet, dann legt ein Punkt B, der sich auf der Kreislinie bewegt und die Koordinaten x und y besitzt, einen Winkel AOB fest. Die Größe des Winkles werde mit α bezeichnet; α ist immer dann positiv, wenn B die Kreislinie von A aus in mathematisch positivem Drehsinn durchläuft. Der Kosinus des Winkels α ist dann durch folgende Gleichung definiert:

$$f(\alpha) = \cos(\alpha) = \frac{x}{r} = x\,.$$

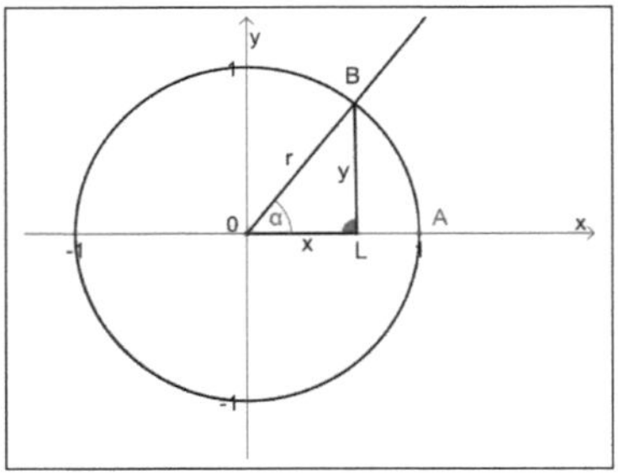

Abbildung 7: $\cos(x)$ am Einheitskreis

Er entspricht also dem Verhältnis von der Länge der Ankathete von α zur Länge der Hypothenuse.(vgl.[5])

Bemerkung: Der Kosinus sei im Folgenden durch $x \mapsto \cos(x)$ bezeichnet.

Die Stetigkeit ist eine offensichtliche Eigenschaft des Kosinus und lässt sich beispielsweise mit Hilfe der Additionstheoreme der trigonometrischen Funktionen für Summe und Differenz von Argumentwerten(vgl.[3]) und des $\epsilon - \delta-$Kriteriums beweisen.
Trivialerweise ist die Kosinusfunktion $f : \mathbb{D} \to [-1; 1]$ auf $\mathbb{R}$ auch beliebig oft differenzierbar und für die erste Ableitung gilt: $\cos'(x) = -\sin(x)$.

Zur Entwicklung in die Maclaurin-Funktion wird nun die n-te Ableitung des Kosinus benötigt:

$$\begin{aligned} \cos'(x) &= -\sin(x) \quad &&, \cos''(x) = -\cos(x) \\ \cos'''(x) &= \sin(x) \quad &&, \cos^{(IV)}(x) = \cos(x) \\ \cos^{(V)}(x) &= -\sin(x) \quad &&\cdots \end{aligned}$$

$$\Rightarrow \cos^{(4k+m)}(x) = \begin{cases} \cos(x), & \text{für } m = 0 \\ -\sin(x), & \text{für } m = 1 \\ -\cos(x), & \text{für } m = 2 \\ \sin(x), & \text{für } m = 3 \quad (k, m \in \mathbb{R}_0^+) \end{cases}$$

Die Entwicklungsstelle 0 wird eingesetzt:

$$\begin{aligned}\cos(0) = 1 &\Rightarrow \cos'(0) = 0\\ &\Rightarrow \cos''(0) = -1\\ &\Rightarrow \cos'''(0) = 0\\ &\Rightarrow \cos^{(IV)}(0) = 1\\ &\Rightarrow \cos^{(V)}(0) = 0\\ &\vdots\end{aligned}$$

Insgesamt kommt man bezüglich der Entwicklung nach Maclaurin also zu der Schlussfolgerung:

$$\begin{aligned}T_n(x;0) &= 1 - \tfrac{x^2}{2} + \tfrac{x^4}{4!} - \tfrac{x^6}{6!} + \tfrac{x^8}{8!} - \cdots =\\ &= \textstyle\sum_{i=0}^{n} (-1)^i \tfrac{x^{2\cdot i}}{(2\cdot i)!}\end{aligned}$$

Addiert man das Restglied $R_n(x) = x^{n+1} \cdot \frac{f^{(n+1)}(\vartheta x)}{(n+1)!}$, $0 < \vartheta < 1$, und die eben hergeleitete Maclaurin-Funktion, so ergibt sich die **Potenzreihenentwicklung nach Maclaurin** mit ihrem Restglied $R_n(x)$.

Der Kosinus $\cos(x)$ lässt sich durch $\displaystyle\sum_{i=0}^{n} (-1)^i \frac{x^{2\cdot i}}{(2\cdot i)!} + R_n(x)$ darstellen.

Für eine Aussage über die Konvergenz der Reihe berechnet sich der Konvergenzradius r mit $a_i = \frac{(-1)^i}{(2\cdot i)!}$ folgendermaßen:

$$\begin{aligned}r = \lim_{i\to\infty}\left|\frac{\frac{(-1)^i}{(2\cdot i)!}}{\frac{(-1)^{i+1}}{(2\cdot i+2)!}}\right| &= \lim_{i\to\infty}\left|\frac{(-1)^i\cdot(2\cdot i+2)!}{(2\cdot i)!\cdot(-1)^{i+1}}\right| =\\ &= \lim_{i\to\infty}\left|\frac{(2i+2)(2i+1)(2i)!}{(2i)!\cdot(-1)}\right| =\\ &= \lim_{i\to\infty}\left|-(2i+2)(2i+1)\right| = +\infty\end{aligned}$$

Da die Reihe für $|x| < r$ absolut konvergiert, ist $T(x;0)$ also wegen $r = \infty$ für alle x absolut konvergent.

Betrachtet man das Bild von $f(x) = \cos(x)$ und die Reihen mit unterschiedlichen n, so wird wieder deutlich, wie wichtig es für eine möglichst genaue Approximation von $f(x)$ ist, die Entwicklung bis zu einem genügend großem n durch zu führen:

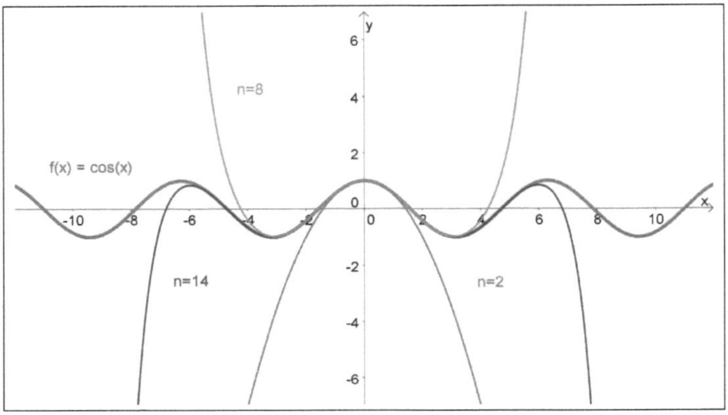

Abbildung 8: Approximation von $f(x) = \cos(x)$

Natürlich wird auch wieder der Betrag des Restgliedes $R_n(x)$ mit wachsendem n kleiner, da das Restglied für $n \to \infty$ und ein frei wählbares x eine Nullfolge, d.h. es konvergiert gegen 0, bildet.(vgl.[5], S. 536)

5 Anwendungen der Potenzreihenentwicklung

Der Anwendungsbereich der Potenzreihenentwicklung erstreckt sich natürlich über einen weiten Teil der Mathematik, dehnt sich jedoch auch auf Inhalte der Physik und Computertechnik, wie zum Beispiel das Herleiten von Algorithmen, aus.

Kleinwinkelnäherung: Für sehr kleine Winkel x (im Bogenmaß) lässt sich beispielsweise in der Mathematik zur Berechnung von Winkeln oder in der Physik bei der Pendelschwingung die Näherung $\sin(x) = x$ und $\cos(x) = 1$ aufstellen und mithilfe der Potenzreihenentwicklung rechtfertigen:
Mit (5) sind die ersten beiden Glieder $T_1(x;0) = \sum_{i=0}^{1} \frac{f^{(i)}(0)}{i!} x^i = f(0) + f'(0) \cdot x$, also für die Maclaurin-Funktion des Sinus

$$T_1(x;0) = \sum_{i=0}^{1} \frac{f^{(i)}(0)}{i!} x^i = \sin(0) + \cos(0) \cdot x = x$$

und für die Maclaurin-Funktion des Kosinus

$$T_1(x;0) = \sum_{i=0}^{1} \frac{f^{(i)}(0)}{i!} x^i = \cos(0) + \sin(0) \cdot x = 1.$$

Da nun der Winkel x sehr klein ist, z.B. $x << 1$, lassen sich die darauffolgenden Summenglieder der Maclaurin-Funktion vernachlässigen und die Näherung ist für $x << 1$ gültig.
Um nun die oben genannte Pendelschwingung auf zu greifen, betrachte man die Bewegungsgleichung des Pendels:[12]

$$\frac{d^2x}{dt^2} + \frac{g}{l} \sin(x) = 0 \qquad \text{(Ortsfaktor } g\text{, Pendellänge } l\text{, Drehwinkel } x\text{)}$$

Mithilfe der Näherung $\sin(x) = x$ für kleine Drehwinkel wird also aus der Sinusfunktion eine eindeutig umgänglichere, lineare Funktion:

$$\frac{d^2x}{dt^2} + \frac{g}{l} x = 0$$

Die Näherung durch Potenzreihen oder endliche Polynomfunktionen findet beispielsweise mit der *Schmiegungsparabel* auch in der Geometrie ihre Anwendung:(vgl.[5])

Wenn sich der Graph einer Funktion $f(x) = a_0 + a_1x + a_2x^2 + a_3x^3 + ...$ in einem kartesischem Koordinatensystem darstellen lässt, dann kann man ein „neues“ Koordinatensystem einführen. Die Tangente an die Kurve von $f(x)$ in einem Punkt P sei hier die x-Achse und die Normale im Punkt P die y-Achse. Somit gilt offensichtlich für die Kurve im Punkt P im neuen Koordinatensystem

$$P(x|f(x)),\ x = 0,\ f(x) = 0,\ f'(x) = f'(0) = a_1 = 0$$
$$\text{und die Krümmung } k = f''(x) = f''(0) = 2a_2.$$

Folglich ergibt sich mit $a_2 = \frac{k}{2}$ für die Gleichung der Kurve im neuen Koordinatensystem

$$f(x) = 0 + 0 + a_2x^2 + ... = \frac{k}{2}x^2 + ...$$

(wenn eine Näherung 2. Ordnung genügt, so sind alle darauffolgenden Glieder nicht von Interesse) und an dem Punkt P wird die Kurve durch die Schmiegungsparabel

$$p(x) = \frac{k}{2}x^2$$

angenähert. Bei $p(x)$ handelt es sich um eine Approximation durch eine Polynomfunktion 2. Grades.

Beispiel: Für die Funktion $f(x) = 1 - \cos(x)$ lautet die Schmiegungsparabel mit $k = f''(0) = 1$ dann $p(x) = \frac{x^2}{2}$.

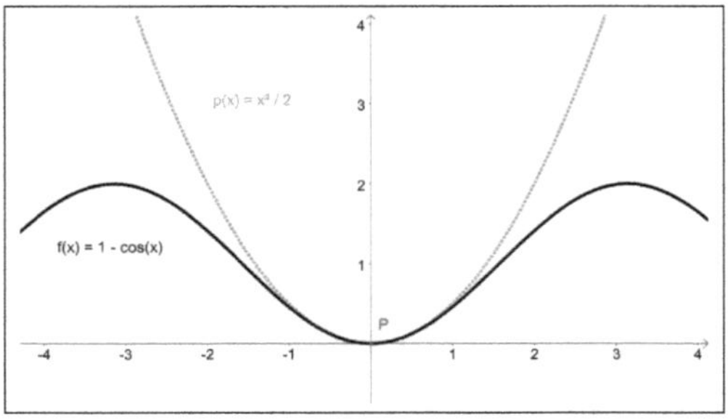

Abbildung 9: Näherung der Funktion $f(x) = 1 - \cos(x)$ um den Punkt P durch ihre Schmiegungsparabel

Weitere Anwendungen wären zum Beispiel die Bestimmung der Bogenlänge eines Kreisbogens oder eine Näherung zur Berechnung der Krümmung der Mittellinie eines Balkens an einer Stelle x.[5]

6 Literaturverzeichnis

Literatur

[1] Forster, O., *Analysis 1*, Braunschweig, Friedr. Vieweg und Sohn Verlagsgesellschaft mbH, 1980, 3. Auflage

[2] Amann, H., Escher, J., *Analysis 1*, Basel-Boston-Berlin, Birkhäuser Verlag, 3. Auflage

[3] Bronstein, I. N., Semendjajew, K. A., *Taschenbuch der Mathematik*, Thun und Frankfurt/Main, Verlag Harri Deutsch, 21./22. Auflage

[4] Kuypers, W., *Mathematikwerk für Gymnasien – Oberstufe Analysis 2*, Düsseldorf, Pädagogischer Verlag Schwann-Bagel GmbH, 1988, 13. Auflage

[5] Gellert, W., Dr. Küstner, H., Dr. Hellwich, M., Kästner, H., *Kleine Enzyklopädie Mathematik*, Thun und Frankfurt/Main, Verlag Harri Deutsch, 1977, 2., völlig überarbeitete Auflage

[6] Barth, W. P., *Elemente der Analysis 1*, Nürnberg, Vorlesungsskript Wintersemester 2006/07, die Version vom 29. 08. 2006 kann eingesehen werden unter: http://www.mi.uni-erlangen.de/~barth/skripten.shtml

[7] Walter, W., *Analysis 1*, ausgewählte Seiten, vgl. Anlage 2

[8] Heuser, H., *Lehrbuch der Analysis 1 – Teil 1*, ausgewählte Seiten, vgl. Anlage 3

[9] http://www.physikerboard.de/topic,9714,-naeherungen-in-der-physik—die-taylorreihe.html

[10] http://www.matheplanet.com/matheplanet/nuke/html/dl.php?id=128&1167858191

[11] http://www.iag.uni-hannover.de/~hulek/Skripten/AnaA/Kapitel9.pdf

[12] http://www4.iam.rwth-aachen.de/Lehre/website_katalog/dynamik/pendel.html

Alle Internetquellen wurden am 22. Dezember 2010 zuletzt aufgerufen und auf Übereinstimmung überprüft. Eine Kopie vom aktuellen Stand der jeweiligen Internetseite ist der Facharbeit als Anlage beigefügt worden.

Alle Abbildungen wurden eigenhändig erstellt mit:
GeoGebra, Version 3.2.44.0 (Mathematik-Software)

Die Facharbeit wurde angefertigt mit:
TeXnicCenter, Softwarepaket LaTeX

7 Erklärung

Ich erkläre hiermit, dass ich die Facharbeit ohne fremde Hilfe angefertigt und nur die im Literaturverzeichnis angeführten Quellen und Hilfsmittel benutzt habe.